晨讀10分鐘

［小學生・低年級］

春天鬧鬼記

實驗故事集 1

總監修——大山光晴

作者——戶田和代

繪者——岡本美子

譯者——詹慕如

目次

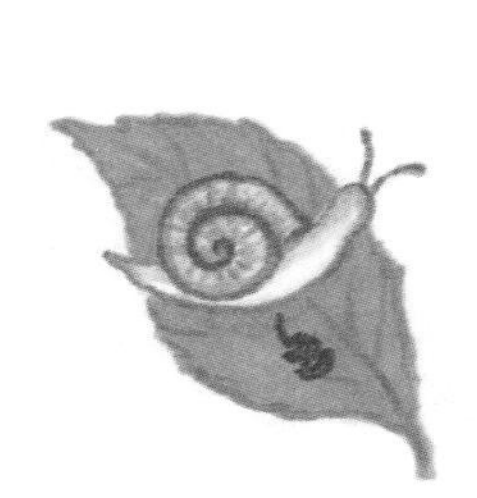

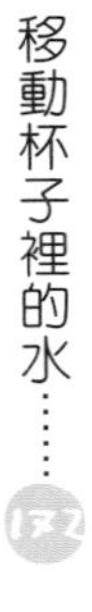

注意

做實驗時一定要有大人陪同。使用剪刀時要小心，不要受傷了。
進行水的實驗時，要在水潑出來也沒關係的地方進行。

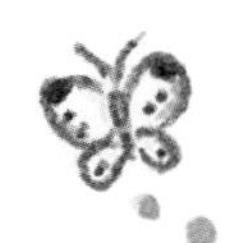

小裕的家人

小裕

一年級男孩，最喜歡解謎了。

小愛

小裕的妹妹，四歲的女孩。

爸爸

媽媽

爺爺

奶奶

小裕的朋友

繪里香

小廣

直子老師

小亮

春天鬧鬼記

這是一個春天的下午，風咻咻的吹著。小裕和朋友小亮、小廣正在一起玩捉迷藏。

「藏好了嗎？」

當鬼的小亮才剛這麼問，小裕馬上就跑出來。

「怎麼了？」

「好可怕喔……」

「我剛剛躲在這裡……」

小裕帶小亮和小廣到他剛剛躲藏的地方，那剛好是房子和房子之間的狹窄空隙。

「明明沒有人在，可是，卻突然聽到很像鬼的聲音。」

「像鬼的聲音？」

小亮和小廣聽了嚇了一跳。

「對啊，『嗚～嗚～嗚嚕嚕』的聲音，說不定還在附近呢！」

小裕才剛說完，房子的牆壁突然喀答喀答的搖晃起來，發出「轟～轟～轟隆隆」的可怕聲音。

「哇！」

大家嚇得驚慌四散。

回到家，小裕對妹妹小愛說：

「我剛剛遇到鬼了，他還會發出『嗚～嗚嚕嚕』的聲音呢！」

就在這時，窗戶開始喀答喀答的搖晃，發出詭異的聲音。

「哇！是鬼追過來了！」

小裕和小愛急忙躲到桌子下。小裕很害怕，偷偷抬頭看。風從外面吹進來，窗簾正搖動著。

「哥哥，窗戶沒有關好，你快把窗戶關好吧，不然鬼會跑進來的。」

「嗯、嗯……」

小裕很害怕的慢慢接近窗戶。就在這時，窗外吹來一陣強風，把小裕的頭髮吹得倒豎了起來。風聲聽起來就像

咻咻的口哨聲一樣，小裕連忙關上窗戶，像口哨般的聲音突然停止了。

小裕好像發現到了什麼。

「咦？小愛，你過來看看。」

「鬼已經走了嗎？」

「嗯，不要緊的，那好像是風穿過窗戶縫隙時發出的聲音呢，你過來看看……」

小裕把窗戶打開一點縫隙，小愛怯生生的走到窗戶邊。

「啊，真的呢！」

這時候，小裕好像突然想起了什麼，拍了一下手。

後。

「可能是……」

他跑到剛剛玩捉迷藏的地方，小愛也跟在他的身後。

「果然沒錯，剛剛的聲音是風穿過房子和房子中間的縫隙時，發出來的聲音。」

「什麼嘛，原來不是鬼啊！」

小愛好像有點失望。

「呵呵，真可惜。」

不過，老實說，知道那聲音不是鬼之後，小裕這才鬆了一口氣呢！

解謎時間

為什麼風穿過縫隙會發出聲音？

什麼時候才會有聲音出現呢？例如：彈奏樂器時、說話時、敲桌子時都會發出聲音。其實，會發出聲音是

因為空氣在振動。敲桌子時會有聲音，是因為當我們敲桌子時，桌子會振動，桌子的振動傳到空氣中。

窗戶有縫隙時，當風穿過縫隙後會不斷的來回旋轉，引起空氣振動，所以發出了聲音。

科學小實驗

紙哨子

準備工具：

紙

剪刀

1

將紙剪成細長條。

2

從中間將紙折成一半。

3

用剪刀在對折的地方剪出一個小洞。

4

如圖般用力吹，就會發出聲音。

給大人的話

如果紙哨子無法順利吹出聲音，請將前方的洞剪細一點。

蝴蝶的喜好

今天是愉快的遠足日。

「哇！小裕，你的毛衣真好看。」

一到學校，直子老師就稱讚小裕。

「蝴蝶一定會誤以為是花，飛到你身上的。」

「喔，真的嗎？」

小裕聽了好高興，他身上穿的是媽媽為他織的紅毛衣，今天是他第一次穿呢！

遠足的目的地是綠之丘公園。

繞過大池子之後，大家來到一片開滿花的花園。

「哇！好漂亮，好多蝴蝶喔！」

這時大家剛好看到一隻紋白蝶飛過來，停在直子老師的黃色襯衫上。

「直子老師好好喔！」

大家來到直子老師的身旁，蝴蝶輕輕飛起，停在繪里香的黃色背包上。

「哇！」

繪里香笑得很開心。

「也到我這邊來吧！」

小裕一走近，蝴蝶又飛啊飛的飛走了。

「咦，為什麼不到我這裡來呢？」小裕覺得好失望。

小亮笑著說：

「我看啊，蝴蝶應該是比較喜歡女孩子吧！」

大家在這裡吃便當、玩捉鬼。

過了一會兒，大家開始覺得熱了。

「啊，好熱喔！」

小裕正要把毛衣脫掉。

「啊，是蝴蝶！」

身旁的小廣大叫著。

原來有一隻鳳蝶正飛到小裕的附近。

「哇，好酷喔！」小亮拍拍手。

「這次到我這裡來吧！」

小亮一放下背包，鳳蝶就飛走了。

「啊，飛走了……」

小裕望向鳳蝶飛走的方向。

「喂！你們看。」小裕對小亮和小廣說。

「剛剛那隻鳳蝶，飛到跟我毛衣顏色一樣的紅色花朵附近去了，說不定牠喜歡紅色呢！」

「聽你這麼一說，剛剛那隻紋白蝶停在直子老師的襯衫和繪里香的背包上，襯衫和背包都是黃色的，所以紋白蝶好像比較喜歡黃色呢！」

小亮猜想。

「沒有錯，蝴蝶一定有自己喜歡的顏色。」

小裕高興的說。

「啊，雖然天氣很熱，好

想脫掉毛衣。不過，我還是再忍耐一下吧！」

說著，他又把紅毛衣往下用力拉緊。

31 蝴蝶的喜好

為什麼蝴蝶有各自喜歡的顏色？

鳳蝶喜歡紅色，紋白蝶喜歡黃色，不同種類的蝴蝶喜歡停留的顏色也不一樣，這是為什麼呢？

其實，蝴蝶喜歡停留的顏色，就是蝴蝶喜歡的花種顏色，蝴蝶的食物是花蜜，所以每種蝴蝶各有喜歡的花，也各自有喜歡的顏色。鳳蝶喜歡鮮豔或紅色的花朵，而紋白蝶喜歡油菜花的花蜜，所以偏好黃色。

科學小實驗

蝴蝶喜歡什麼顏色？

準備工具：

紋白蝶

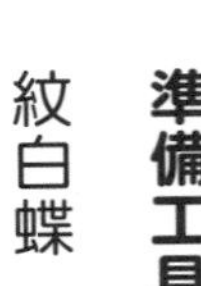

色紙（藍、紅、黃、紫色）

1

將色紙分開來排列。

2

放出紋白蝶，觀察牠們停在什麼顏色的紙張上。

給大人的話

在有許多蝴蝶的地方，如花園，排列色紙來實驗，可以清楚知道每一種蝴蝶喜歡的顏色各不相同。

蝸牛的紅大便

下過雨的下午，小裕和小愛在繡球花的葉子上，發現了一隻小蝸牛。

「哇，好可愛喔，我們帶回家養吧！」

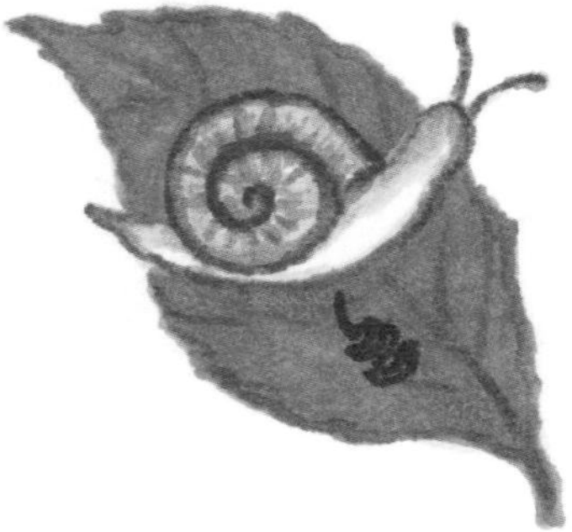

小裕對小愛說。

「可是蝸牛都吃些什麼呢？」小愛問。

「我聽朋友說，蝸牛吃葉子，給牠吃一些高麗菜應該就可以了吧！」

「這樣的話，我們家應該也有。」

他們每天都餵蝸牛吃東西，清理蝸牛的糞便。

「哥哥，蝸牛的便便是綠色的。」

「不像人的便便是黃色的呢！」

有一天，小愛看了蝸牛之後大叫一聲：

「糟糕了，蝸牛的便便是紅色的！」

「不會吧！」小裕也跑

過來。

「哇，真的呢！該不會生病了吧？」

「蝸牛會死掉嗎？」小愛幾乎要哭出來了。

「沒、沒關係的，牠只是有點不舒服而已。」

其實小裕也覺得很擔心。

這時，媽媽走過來了。

「你們的蝸牛怎麼了？」

「牠好像生病了……」

「牠的便便是紅色的。」

媽媽好像突然想起了什麼，對他們說：

「啊，該不會是因為我餵牠吃紅蘿蔔和南瓜的關係吧？」

「什麼？」小裕和小愛睜大了眼睛。

「因為牠每天都吃高麗菜，實在太可憐了。前天我做涼拌牛蒡時，材料多出來了，所以就餵牠吃了一點點紅蘿蔔。後來因為牠都吃光了，今天早上我又餵牠吃了一點南瓜。

「你餵牠吃了那麼多東西啊？是不是因為吃了

很多不是葉子的東西，所以才生病了？」

小愛很擔心的說。

這時，小裕將手交叉在胸前，一邊思考一邊說：

「小愛，紅色的便便可能是因為牠吃了紅色的紅蘿蔔……」

「真的嗎？不是不管吃什麼東西，便便的顏色都一樣嗎？」小愛問。

「平常牠的便便都是綠色的，不是嗎？說不定是因為牠都吃高麗菜的關係……牠吃了紅蘿蔔之後又吃了南瓜，下次牠的便便應該是黃色的吧！」

就在這時，蝸牛輕輕的抖了一下觸角，然後，拉出了一

條小小的黃色大便。

「哇，哥哥，你說的一點都沒錯！」

「你看吧！」小裕很得意的說。

「啊，太好了，牠沒有生病呢！」

連媽媽也開心的笑了起來。

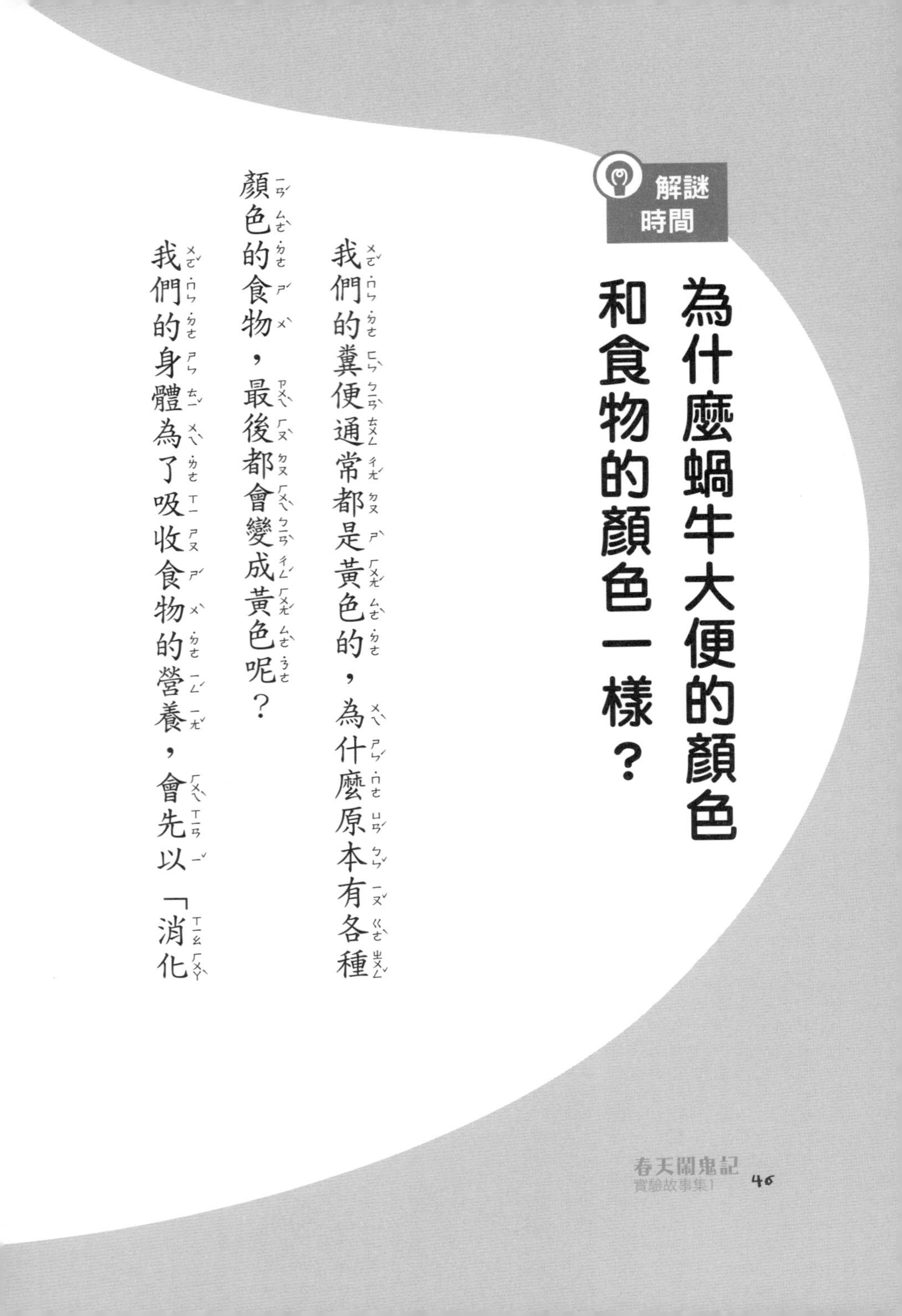

解謎時間

為什麼蝸牛大便的顏色和食物的顏色一樣？

我們的糞便通常都是黃色的，為什麼原本有各種顏色的食物，最後都會變成黃色呢？

我們的身體為了吸收食物的營養，會先以「消化液」分解吃進去的食物，而食物和消化液混和的結果，就使糞便變成了黃色。

但是，蝸牛的消化液成分並沒有顏色，所以蝸牛的糞便會和牠所吃進去的食物是一樣的顏色。

科學
小實驗

飼養蝸牛

準備工具：

飼養箱（附有蓋子）

土（事先弄溼）

樹枝（為了讓蝸牛攀爬用）

1 在飼養箱裡放進土和樹枝，記得隨時讓土保持潮溼。

2 把蝸牛放進飼養箱裡。飼料是蔬菜或水果。蝸牛的糞便和吃進去的食物顏色一樣，可以餵牠們不同的東西。蝸牛需要鈣質讓殼長大，也可以餵牠們蛋殼。

給大人的話

蝸牛的身上有寄生蟲，雖然不會寄生在人體上，但是摸過蝸牛之後，務必讓孩子洗手，並記得適時更換新飼料。

會冒汗的杯子

小裕、小廣和小亮在公園裡玩得滿身大汗，然後一起跑到小裕家。

「媽！水！給我水。」

「好好好。」

媽媽在茶壺裡裝了滿滿的冰水。

「哇，好好喝喔！」

大家咕嚕咕嚕的喝著茶壺裡的水。

這時，小亮突然發現

一件事。

「茶……茶壺也在冒汗呢！」

「真的！真是一個愛流汗的茶壺！」

小廣用手指一摸，水滴答滴答的往下流，水滴從摸過的地方往下滑。

「這些水是從哪裡冒出來的？茶壺是不是有破洞啊？」小裕說。

大家仔細盯著茶壺看，摸摸茶壺的四周，並沒有找到破洞。

晚餐時間到了。小裕放在桌上裝有麥茶的杯子外，也附著了許多水滴。

「咦？杯子也在冒汗呢！」

但是旁邊媽媽的杯子並沒有冒汗。

「杯子的汗會不會有麥茶的味道……」

他試著舔了舔杯子。

「什麼嘛，一點味道都沒有啊！」

這時候，爸爸剛好走過來。

「哈哈哈！當然啊！那只是空氣中的水蒸氣附著在杯子上嘛！」

「可是，為什麼只有我的杯子會冒汗呢？」

小裕摸摸媽媽沒有冒汗的杯子。

「啊，是溫的。」

「怎麼了，小裕？」媽媽問。

「媽媽的麥茶已經倒進杯子裡很久，所以早就不冰了。」

小裕看看媽媽的杯子，再看看自己的杯子，想起了茶壺冒汗的事。他記得裝了冰水的茶壺，摸起來非常的冰涼。

「我知道了，空氣中的水蒸氣會變成小水滴，附著在冰涼的東西上。」

這時候，爸爸說：

「好，小裕，那我們就來做個實驗，看看是不是這樣吧！」

「媽媽，請再給我一瓶啤酒，要很冰很冰

的喔！」

爸爸很高興的對媽媽說。

「什麼，你還要喝嗎？」

媽媽的表情看起來不太高興。

「為了小裕的學習，也沒辦法呀！」

爸爸開心的把啤酒倒進杯子裡。

「小裕，你看，杯子上很快就會有水……哎呀！」

沒想到，爸爸的杯子裡滿滿都是啤酒的泡沫，根本分不清楚哪個是水滴、哪個是泡沫了。

解謎時間

為什麼水會附著在杯子外？

在我們周遭有許多眼睛看不見的水蒸氣。氣溫高時，空氣中含有比較多水蒸氣，但是氣溫低時，空

氣就只含有一點點水蒸氣。如果有一個冰冷的杯子，那麼杯子附近的空氣就會變得冰涼，空氣變冷後，只含有一點點水蒸氣，而無法漂浮在空氣中的水蒸氣，就會附著在杯子上，變成小水滴。杯子上的小水滴結合在一起，變成眼睛能夠看得見的大水滴，看起來就好像杯子在冒汗了。

科學小實驗

讓杯子冒汗

準備工具：

杯子（三個）

冰涼的水

冰塊

溫水

1

將冰涼的水、溫水、加了冰塊的水，各放進杯子中。

2

過了一會兒之後，觀察哪個杯子外有水滴附著。

給大人的話

有時因天氣寒冷、乾燥或氣溫的關係，導致水滴較難附著，這時候不妨改天再進行實驗。

愛睡覺的牽牛花

小裕從學校回到家，放下了一個沉重的黑色塑膠袋。

「哥哥，這是什麼？」小愛看了問。

「是牽牛花呀！因為沾滿了泥土，所以我用塑膠袋裝起來。」

「喔！」

這時，小廣來了。

「小裕，小亮問我們要不要去公園玩？」

小裕聽了後，就順手把牽牛花放在玄關外，跑出去玩了。

晚上，小裕聽到爸爸在玄關叫喊的聲音。一走過去才發現，自己帶回來的牽牛花，在黑暗中悄悄的開花了。

「哇，這牽牛花是怪物嗎？怎麼會在晚上

開花呢？」

小愛嚇了一跳。

「我的牽牛花才不是怪物呢！不過真奇怪，為什麼會在這個時間開花呢？」

小裕也覺得很奇怪。

第二天早上，小裕很好奇牽牛花的狀況，所以比平常還要早起。他發現小愛也已經起床了。

「小愛，你也是來看牽牛花怪物的嗎？」

「嗯，可是，你看……」

牽牛花已經垂下頭來，顯得無精打采的。

「牽牛花是不是死了？」

小愛很難過的問。

這天晚上，小裕和小愛

一邊吃飯，一邊忍不住打起了瞌睡。

「你們這兩個孩子今天都太早起，所以已經想睡了吧，快去睡吧！」媽媽對他們說。

「好。」小愛一邊打呵欠，一邊說：

「可是，為什麼一到晚上就會想睡覺呢？是因為天黑的關係嗎？但是，牽牛花怪物到了晚上卻不會想睡覺……」

「啊！」小裕一腳套進睡褲時，突然靈機一動。

「對了！會不會是因為我把牽牛花放在黑色塑膠袋裡，所以它誤以為已經到了晚上，就睡著了。」

「那為什麼它會在晚上

開花呢？」

「一定是因為太早睡，所以到晚上就睜開眼睛了。」

「哈哈，這牽牛花還真是糊塗啊！」小愛忍不住的笑了起來。

解謎時間

為什麼牽牛花會在晚上開花？

人到了晚上會想睡覺，到早上會睜開眼睛，這是因為在我們的身體裡有一個時鐘，牽牛花的身體裡也一樣有個時鐘，所以總是在清晨開花。

但是，如果還沒天黑時，讓牽牛花的周圍變得很暗，那麼牽牛花就會以為已經到了晚上，而弄亂了它的生理時鐘，於是它就會在半夜裡提早開花。

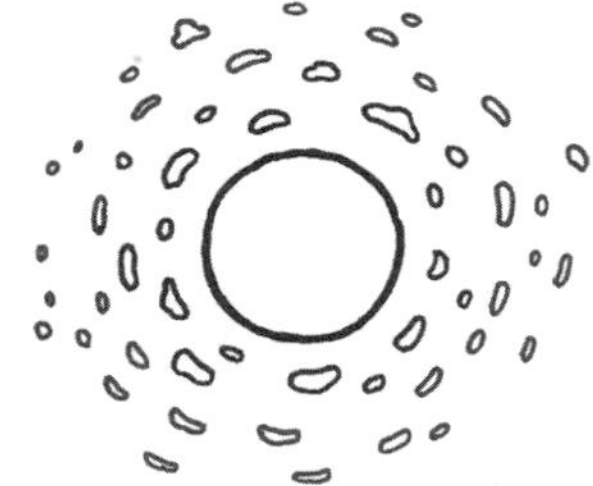

讓牽牛花在晚上開花

準備工具：

含苞的牽牛花

橡皮筋

黑色大塑膠袋

1

早上時，用黑色塑膠袋把牽牛花的花苞包住，再用橡皮筋固定，放在陰暗的地方。

2

等到夕陽西下，天色變黑之後，打開塑膠袋，觀察牽牛花的樣子。

給大人的話

請不要在太陽下山後馬上打開塑膠袋，最好等四周環境完全變暗後再打開。有些花苞在第二天還不會馬上綻放，不妨多試幾次。

冰淇淋保衛戰

「小裕，這是奶奶最喜歡的點心，趁還沒有融化，快拿去給奶奶吧！」媽媽對小裕說。

媽媽手上的袋子裡，是別人贈送的冰淇淋三明

治，她用毛巾把袋子捲啊捲，包得很密實，然後對小裕說：

「路上不要到處玩，也不可以偷吃喔！」

媽媽邊說邊將冰淇淋交給小裕。

「好熱啊，媽媽雖然說不行，但是冰淇淋這麼多，我吃一個應該沒關係吧！」

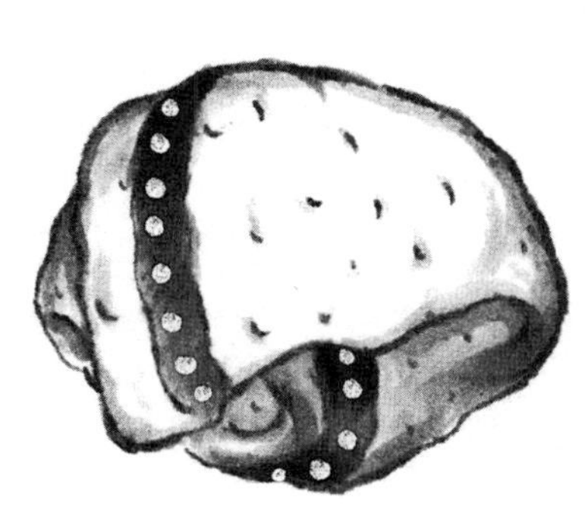

走在橋上時，小裕拿出一個三明治冰淇淋，又將其他的冰淇淋用毛巾捲啊捲的包好。這時，他往橋下一看，河裡有好多小螯蝦。

「哇，好多喔！」

小裕入迷的看著小螯蝦。突然，「滴瀝！」一滴融化的冰淇淋滴到水裡了。

「啊，糟糕！」小裕一驚，他看小螯蝦看得太入迷，完全忘了要送東西這回事了。

「怎麼辦……其他的冰淇淋說不定也已經融化了……」

小裕急忙開始奔跑。

他的眼睛泛著淚光，心裡想，奶奶要是看到融化的冰淇淋，一定會很失望的。

「小裕！」

小裕遠遠的看到了奶奶迎接他的身影。

「看你流了一身汗。」

「奶奶，我……」

「我知道啊，你送冰淇淋來給我，對吧？剛剛你媽媽打電話告訴我了。」

「可是，我……」小裕的眼裡充滿了淚水。

「在路上因為太熱，我就拿出冰淇淋來吃，然後我發現河裡有小螯蝦……我一直看著那些螯蝦，所以剩下的冰淇淋可能都已經融化了……」

小裕對奶奶說明事情的經過，然後把毛巾包起來的包裹交給奶奶。

「謝謝你，小裕。」

奶奶露出笑容，說：

「讓我看看，哇！看起來好好吃喔！」

「可是，應該已經融化了吧？」

「嗯，沒事的。」奶奶搖搖頭說。

「你看，你用毛巾好好的包起來了，對嗎？這樣一來，冰淇淋就不會這麼快融化了。這是奶奶告訴小裕媽媽的方法喔！」

奶奶很高興的對小裕說：

「來吧，小裕，奶奶也覺得好熱，我們在這裡一起吃冰淇淋吧！」

「嗯！」

小裕和奶奶一起坐在旁邊的長椅上，吃著三明治冰淇淋。有點融化的三明治冰淇淋，真是太好吃了。

解謎時間

為什麼冰淇淋用毛巾包住比較不容易融化？

冰淇淋和冰塊等冰凍的東西會融化，是因為周圍的溫暖空氣將它們加熱的關係。

但是，如果用毛巾把冰塊包起來，毛巾就會隔離冰塊，不會接觸到外面溫暖的空氣。周圍的空氣因為冰塊的關係而變得冰涼，所以冰塊就不容易融化了。

哪個冰塊融化快？

準備工具：

同樣大小的冰塊

毛巾

報紙

盤子

保鮮膜

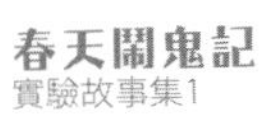

1

將製冰盒裡同樣大小的冰塊分別用毛巾、保鮮膜、報紙包起來放在盤子上。

2

每隔一段時間觀察這些冰塊，比較融化的情形。

給大人的話

太過頻繁的打開來看，會看不出差異，最好大約每隔十分鐘觀察一次。

消失的名牌

「我的名牌不見了！」

小愛一大早就緊張的大喊，已經快到上學的時間了。

「昨天明明放在這裡的啊！」

「小愛，你是不是放在別的地方了？」小裕問。

小愛很生氣的回答：「沒有，我真的放

在這裡，不會錯的。」

但是桌上只有剛買回來的金魚，正愉快的在魚缸裡游著。

沒辦法，小愛今天只好不帶名牌出門了。

放學後，小廣和小亮到小裕家來玩，因為小裕在學校向他們炫耀自己養了金魚。

「小裕，讓我看看你的金魚吧！」

「哇！好可愛喔！」看著魚缸的兩人異口同聲的說。

「咦？為什麼魚缸裡會放名牌呢？」

「名牌？」

小裕看了看魚缸，

發現小愛的名牌沉在魚缸的底部。

「什麼嘛，原來是放在這裡呀！我們找得很辛苦呢！」

小裕把手伸進魚缸裡想撈出名牌，但是，卻怎麼也摸不到。

「真奇怪，明明在這裡的啊……」

他抱起魚缸。

「啊，有了！」

小亮大叫著。原來名牌放在魚缸底下。

「原來如此，昨天換水的時候，不小心把魚缸壓在名牌上了。」小裕說。

「哈哈！難怪你撈不到名牌。」

大家一陣大笑。

「不過，為什麼會看不見呢？這個魚缸實在太可疑了。」

小裕在魚缸旁繞了一圈。

「像這樣從上面看，明明看得見啊……」

「噫！」小裕突然大聲叫。

「怎麼了？」

小廣和小亮都被他嚇了一跳。

「嗯，沒什麼啦！對了，我們來猜個謎吧！」

小裕邊說邊偷偷把手放到魚缸底下。

「好，你們兩個猜猜魚缸的底下有什麼？」

「什麼都沒有啊！」小廣和小亮回答。

「那你們從上面看看。」

「啊，有十塊錢！」小亮嚇了一跳。

「從上面看就可以看得到吧！如果從旁邊看，就看不到放在魚缸下面的東西了。」

「小裕好厲害喔！」

「嘿嘿！哪裡、哪裡。」小裕抬頭挺胸，十分得意。

解謎時間

為什麼東西放在魚缸下卻看不見？

我們的眼睛會看到東西，是因為東西發出的光進入到我們的眼睛裡。

光在空氣中會直線前進。但是，在水中前進的光穿過水進入空氣時，前進的方向就會改變，所以從東西發出的光就無法進入到眼睛裡，眼睛也就看不到它了。

科學小實驗

把硬幣變不見

準備工具：

透明的杯子

硬幣

1

在透明的杯子裡裝水。

2

把杯子放在硬幣上。

3

從各種不同的方向看杯子，觀察硬幣看起來的樣子。

給大人的話

除了明明應該存在的硬幣看不見之外，硬幣還有可能看起來像在比較靠近水面的位置。

汗水真厲害

今天是學校的運動會。

跑步競賽一開始，小裕就開始緊張了。

「預備、開始！」

排在他身旁的小廣，一馬當先的衝出去，小裕也連忙跟著跑。

小廣跑得很快，但是小裕卻有點不擅長，他心想，只要跟

在小廣的後面，就可以跑得快一點。
比賽結果揭曉。
「哇，太棒了！」
小裕竟然得到第二名。
「太棒了。」
小廣也開心的笑著。
小裕的心還撲通撲通的跳個不停，因為以前從來沒有這麼拼命的跑步。小裕流了滿身大汗。

但是，過了一會兒，小裕突然覺得身體開始發抖。

「好像變冷了呢！」

「你也是嗎？我也覺得變冷了呢！」小廣對小裕說。

「剛剛明明還覺得很熱的，怎麼會突然感到變冷了呢？」小裕覺得很奇怪。

晚上，小裕剛洗好澡。

「啊，已經開始了！」

他最愛看的卡通節目已經開始了，所以，他沒穿衣服就站在電視機前。

「身體如果不擦乾，會感冒的。」媽媽對他說。

「好。」

小裕雖然這麼回答媽媽，但是他覺得身體很熱，所以還是繼續光著身體看電視。

過了不久，「哈啾！」

小裕打了一個大噴嚏。

「看吧，不是告訴過你，不把身體擦乾會著涼的嗎？」媽媽說。

「真奇怪，房間原本就這麼冷嗎？」

聽到小裕這麼說，媽媽告訴他：

「你的身體是不是比剛剛乾了一點呢？如果沒有把溼溼的身體擦乾，水就會把你身體的熱吸走。好了，快把身體擦乾吧！」

媽媽把毛巾拿給了小裕。

「說到這個……」

小裕一邊擦乾頭，一邊想起今天跑步完後，突然覺得變冷的事。那時身上不是水，

而是滿身大汗。

「媽媽，汗水也一樣嗎？」

「是啊！汗水也是一種水，同樣會帶走身體的熱。」

「果然沒錯。」小裕大聲的說。

「我今天跑步完，突然覺得變冷了。原來是汗水的關係啊！我本來覺得很熱的，汗水真是厲害！」

「媽媽有看到你跑步喔，你今天跑得真賣力。」媽媽開心的笑著對小裕說。

解謎時間

為什麼流汗後會覺得變涼？

身上的汗水含有水分，水分會變成水蒸氣跑到空氣裡。當水變成水蒸氣時，會把熱能一起帶走。當

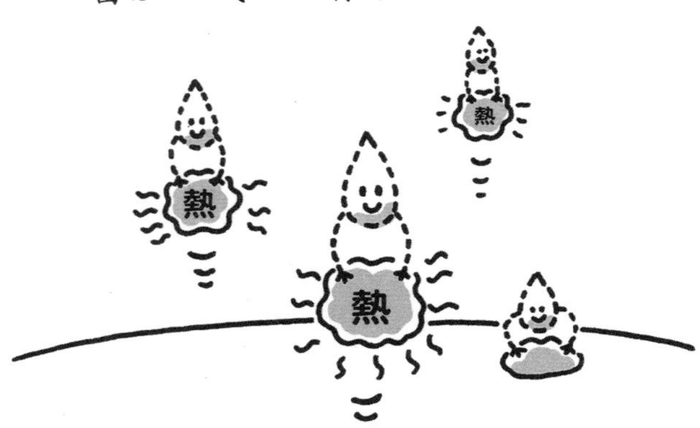

渾身是汗時，吹風會使汗水更快變成水蒸氣，而更快帶走熱能，所以我們會覺得涼快。

我們覺得熱或是運動時，身體就會流汗，以免體溫太高。

科學小實驗

用水來降溫

準備工具：

溫度計兩支

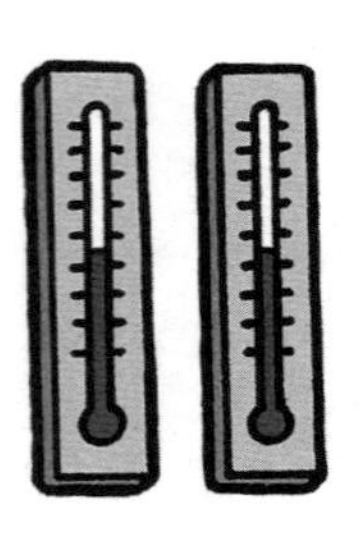

紗布

橡皮筋

1. 將其中一支溫度計用沾了水的紗布包起來，

再用橡皮筋固定。

2

把兩支溫度計放在溫暖的地方，觀測它們的溫度。

給大人的話

如果沒有溫度計，也可以在手臂上沾水，然後吹氣，就可以感覺到沾水的部位比較涼快。

翹翹板的祕密

「哥哥你太重了啦！」小愛坐在公園的翹翹板上晃著她的雙腳，不管

怎麼用力，小愛坐的那邊都會翹起來。

「那是因為小愛太輕了，你要多吃點飯才行。」

小愛很生氣的回答：

「就算我吃再多東西，等到我長大，哥哥你也會長得比我更大啊！」

「呵呵呵，你說得也沒錯啦……」

這時候爸爸來了。

「爸爸跟小愛一起坐吧！」

「不行啦，這樣不公平。一定是你們那邊比較重。」

「真的是這樣嗎？」爸爸說著說著，就坐到小愛的前面，然後……

「要開始囉！嘿咻！嘿咻！」

爸爸的腳一蹬，翹翹板竟然很順利的開始上下擺動了。

「為什麼會這樣呢？爸爸明明比我重的……」小裕喃喃自語，覺得很奇怪。

第二天，小裕來到陽台，爸爸正在曬

衣服。

「媽媽和小愛出去買東西了，小裕，你可以來幫忙嗎？」

爸爸很熟練的把洗好的衣服，一件一件的用曬衣夾夾好。

「喔，這裡有一件很重的牛仔褲，小裕，曬衣服時，要保持平衡喔！如果在曬衣夾的一邊夾了重的衣物，另一邊也要夾一樣重的衣物。」

「嗯。」

小裕在牛仔褲的另一邊曬了襯衫、手帕、襪子等許多衣物。不過，曬衣

夾還是歪向一邊。

「小裕，你試試看這樣……」

說著，爸爸把牛仔褲移到靠近曬衣夾中間的位置。

「啊，變平衡了。」

小裕非常驚訝。

「你看，把重的衣物曬在比較靠近中間的地方，就算另一邊比較輕，也可以保持平衡喔！」

「喔……原來如此。」

這時，小裕想起了昨天玩翹翹板的事。

「我知道了，我們三個人可以順利的玩翹翹板，是因為比較重的爸爸坐在靠近翹翹板中間的位置，所以才可以和我這邊保持平衡。」

「答對了，翹翹板也是一樣，只要注意重量和坐的位置，就可以玩得很過癮喔！」

聽到爸爸開朗的聲音，晾好的衣服似乎也很開心的在風中飄啊飄的擺動起來了。

解謎時間

為什麼不同重量的東西能取得平衡？

翹翹板或曬衣夾都是利用一個點來支撐整體的東西，如果有不同的力量分別推或拉支

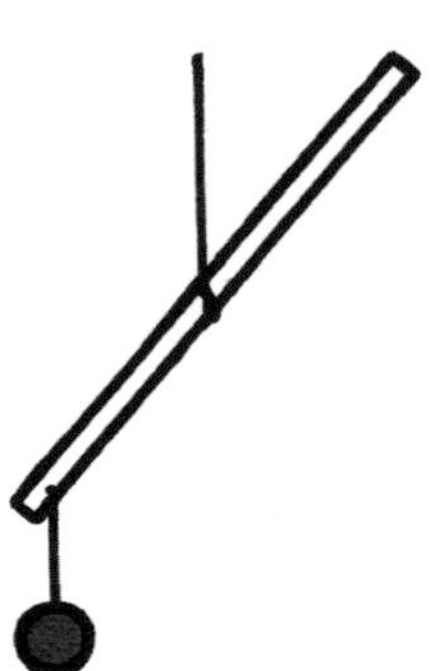

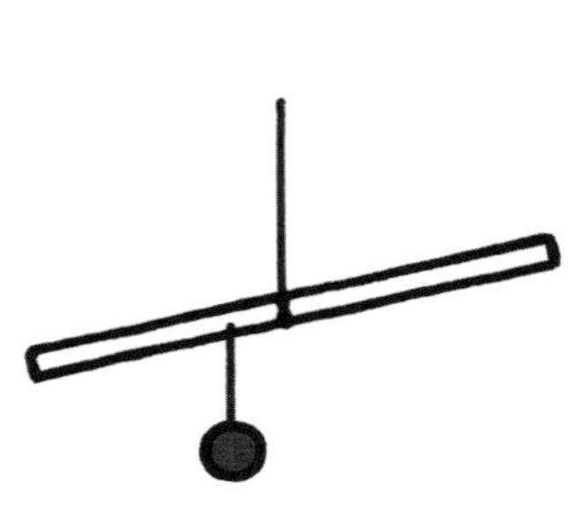

撐點的兩邊，而曬衣夾或翹翹板能夠平衡，那麼距離支撐點比較遠的地方所受的力量比較小，距離支撐點比較近的地方所受的力量必須比較大。

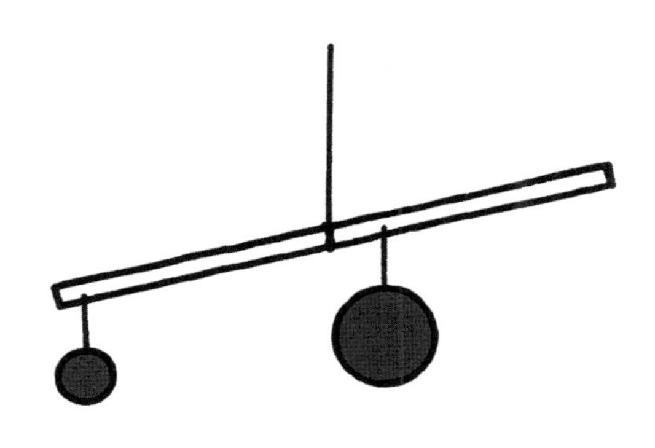

科學小實驗

怎麼讓鉛筆平衡？

準備工具：

鉛筆

燕尾夾三個

線

透明膠帶

1

把線綁在鉛筆的正中央，也就是當手拿著線時，鉛筆的左右可以平衡的位置，然後用透明膠帶將線頭固定在桌子上。

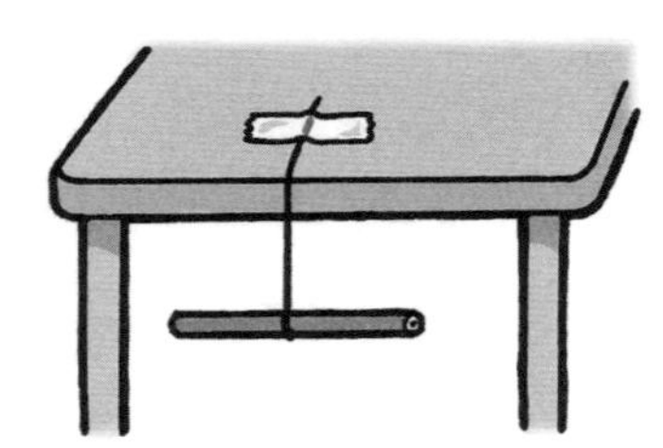

2

在鉛筆的其中一端，夾上兩個燕尾夾。

3

在鉛筆的另一端夾上一個燕尾夾。動手試試燕尾夾應該夾在鉛筆的哪個位置，鉛筆兩邊才能平衡。

給大人的話

請指導孩子，仔細綁好綁鉛筆的線，使其固定不動。

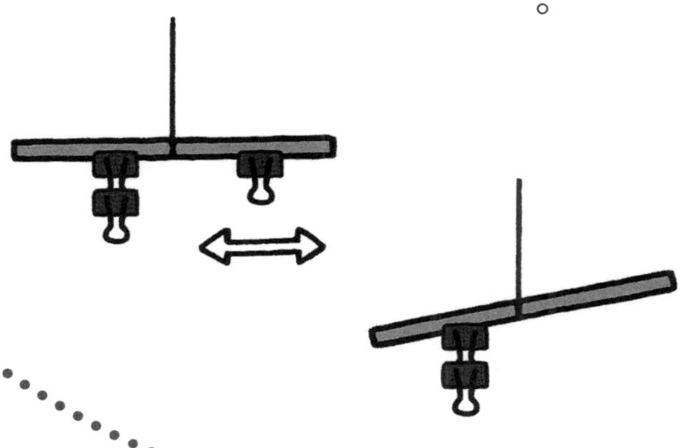

壞掉的醬油瓶

小愛最愛吃雞蛋拌飯了。今天早上她正打算把醬油滴進雞蛋裡時……

「咦？醬油怎麼滴不出來……難道裡面沒有醬油

了嗎？」

小愛嘴裡念念有詞的抱怨著。

「小愛，不可以這樣搖瓶子啦！拿過來。」

小裕從小愛手中接過醬油瓶，斜斜的傾倒。

「咦？真的沒有耶！」

一滴、兩滴……醬油瓶裡只滴出一點點醬油。

中午，奶奶到家裡來，因為媽媽從昨天開始到親戚家過夜了。

「你們兩個看家辛苦了。我帶了很好吃的海苔捲給你們喔！」

「哇！」

小愛好高興。

「小裕，可以幫奶奶拿醬油嗎？」

聽到奶奶這麼說，小裕卻露出不知如何是好的表情。

「好是好，可是……」

「怎麼了嗎？」

「醬油瓶好像壞掉了耶！」

「讓我看看。」

奶奶看了看小裕拿過來的醬油瓶。

「嗯，這樣確實滴不出來。」

但奶奶說完卻噗嗤的笑了。

「不過，只要施一下魔法，馬上就會變好喔！」

「魔法？真的嗎？」

「小裕、小愛，現在奶奶要開始施魔法了，你們等一下喔！」

說著，奶奶一轉身，背對兩人。

「好，已經可以了。」

「什麼？這麼快？」

奶奶臉上露出微笑。

「看好了喔……」

她讓醬油瓶斜斜的傾倒，於是醬油很順暢的流出來了。

「哇！」

小裕和小愛睜大了眼睛看著，醬油卻突然停止，不流出來了。

「呵呵呵，怎麼樣啊？」

醬油竟然一會兒流、一會兒停。

奶奶呵呵呵的笑個不停。

這時小裕終於發

現了，奶奶的手指在瓶身不斷上上下下移動。

「奶奶的手指很可疑。您再試一次。」

就在奶奶再次讓停止的醬油流出來的那一瞬間，

小裕大叫：

「啊！手指下面有洞！把這個洞遮住、放開，醬油就會一下子流出來，一下子停止了。」

「答對了！要讓醬油流出來，就要讓空氣流進這個小洞裡才行。」

奶奶笑著說。

「好了，海苔捲準備好了，我們來大吃一頓吧！」

解謎時間

為什麼醬油有時流得出來，有時流不出來？

從醬油瓶倒出醬油時，空氣會進入瓶子裡，取代流出來的醬油。醬油瓶上有一

個大洞和一個小洞，這是因為從大洞倒出醬油時，必須讓空氣進入小洞。

但是，如果空氣進入的洞被堵塞了，空氣進不去，醬油就無法倒出來了。

科學小實驗

不讓果汁流出來

準備工具：

鋁箔包果汁

剪刀

1 將吸管插入裝了果汁的鋁箔包。

2

即使把鋁箔包倒過來，果汁也不會流出來。

3

用剪刀剪開鋁箔包一角，讓空氣進入，再倒放一次。

給大人的話

鋁箔包很硬，如果孩子剪不動，請幫忙。步驟2時，如果擠壓到鋁箔包，果汁就會流出來，請小心不要擠壓到。

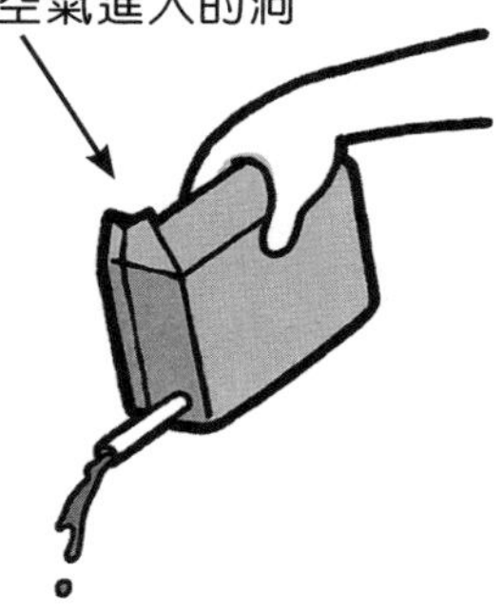

奇怪的燙傷

「小裕，我們一起來爬欄杆吧！」

下課時間，小廣邀小裕一起玩。小裕不擅長爬欄杆，不管怎麼努力，都爬不到欄杆最頂端。

可是，今天小裕腳一踢，竟然出乎意料的把身體往上撐起來了。

「好厲害喔！就是這樣啊！」小廣說。

小裕繼續的努力爬，終於爬到了頂端。

「小裕，你辦到了耶！」

「哇！太棒了！」

但是，小裕並沒有高興太久。因為他放鬆了力氣，一瞬間就滑了下來。滑下來時，小裕大聲慘叫：

「好燙！」

他的手掌心變得好燙。

「唉，不能這麼快下來啦！」

小廣在欄杆上對小裕說。

「為什麼手會變燙呢？」

小裕試著摸摸欄杆，但是欄杆摸起來很冰涼，一點都不燙。

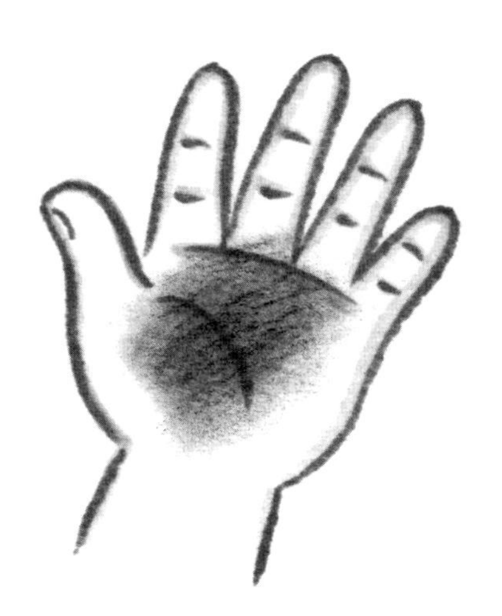

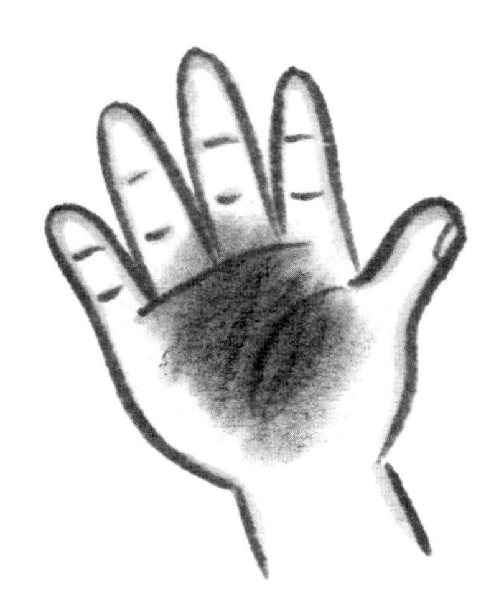

第二天早上，

「嘿唷！嘿唷！」

小裕聽到充滿朝氣的聲音，睜開了眼睛。這幾天

奶奶出門旅行了，所以爺爺到家裡來住。

「嘿唷！嘿唷！」

爺爺赤裸著上半身，用毛巾摩擦著自己的背。

「爺爺您在做什麼呀？」

「這叫乾布摩擦。像這樣摩擦皮膚，即使天氣冷，身體也會漸漸覺得暖和喔！小裕也拿條毛巾，試試摩擦手臂吧！」

小裕遵照了爺爺的

話，摩擦了手臂。

「真的耶！哇，慢慢變熱了！」

小裕愈摩擦，手就愈來愈熱。

「好了好了，再摩擦下去會燙傷的。」

爺爺笑著說。

「啊？燙傷？」

「是啊，任何事情總有個限度嘛！」

這時，小裕想起自己爬欄杆時，手心變燙的事。

「爺爺，如果身體用力摩擦欄杆，也會變熱嗎？」

「嗯，會啊！」

「喔，難怪我的手會那麼燙！」

「發生什麼事了嗎？」爺爺問。

當小裕說完事情的經過後，爺爺說：「喔，原來如此啊！看樣子你滑下來的速度應該很快吧！」

「嗯，我下次會小心的。對了，爺爺，我來幫您擦背吧！」

「喔，那真是太感謝了。」

「嘿唷！嘿唷！」小裕既溫柔又用力的幫爺爺擦背。

解謎時間

物體摩擦後為什麼會變燙？

物體和物體之間摩擦時，如果不用力就無法移動，這是因為有「摩擦力」的緣故。我們走路的時候不會滑

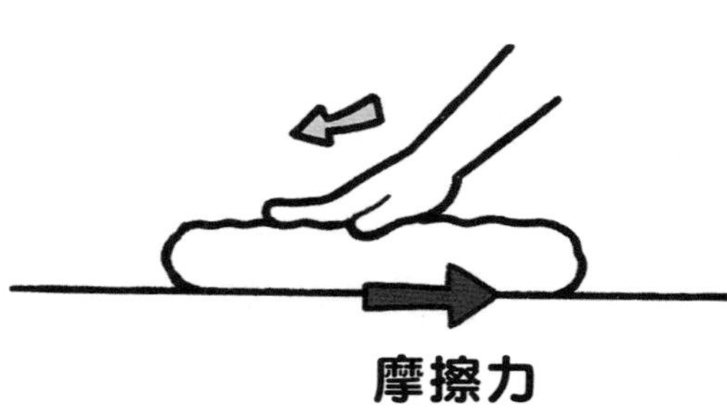

倒，也是多虧了鞋子和地面之間有摩擦力。如果兩個物體之間有摩擦力，還勉強其中一個物體在另外一個物體上移動，就會產生熱。在表面粗糙的東西上滑動比在表面光滑的東西上滑動，會受到更大的摩擦力，所以會產生比較多的熱。

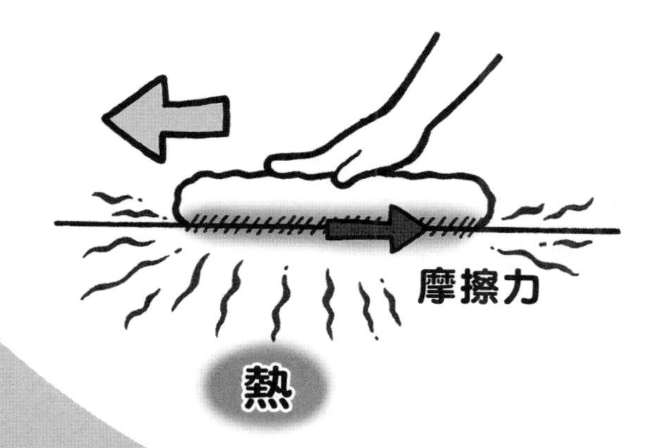

科學小實驗

摩擦生熱

準備工具：

毛巾

長褲

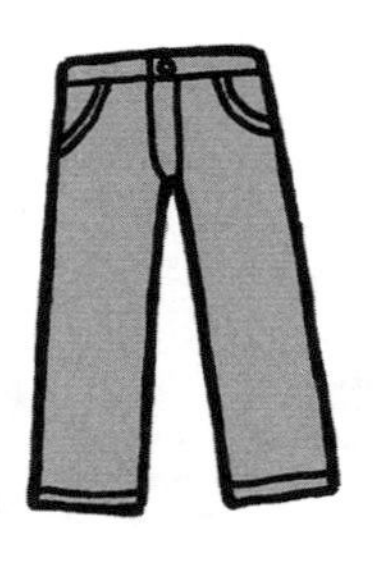

1

穿上長褲坐在椅子上。

2

把毛巾放在大腿上，手握毛巾兩端，用力來回拉動。

給大人的話

直接讓毛巾接觸皮膚可以更明顯感受到身體發熱，不過也會感到疼痛，所以請穿著長褲做實驗。

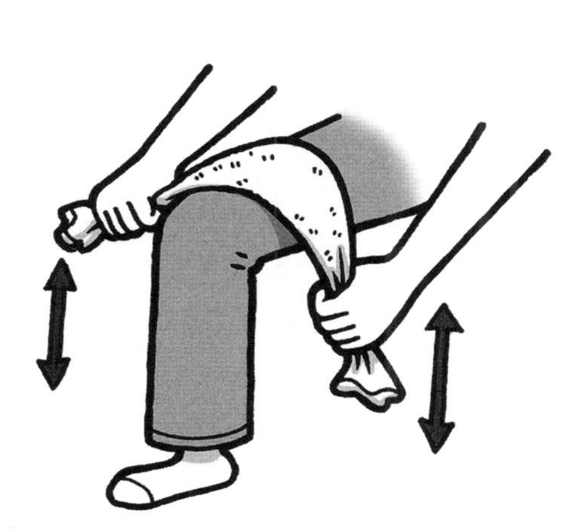

神祕的水窪

這是一個吹著微微春風、天氣舒爽的早晨。小裕高高興興的上學去，來到教室，一個人都沒有。

「哇，我是第一名耶！」

小裕很高興的進了教室，突然覺得腳下有一陣涼意，一看，地上一片溼答答的。

「明明沒有人在，真奇怪！」

就在這時，直子老

師來了。

「啊，是小裕打翻了水嗎？」老師問。

「不是啦，我一來，水就已經打翻了。」小裕很不高興的回答。

「如果是昨天有人打翻了

水，應該已經乾了呀……」

直子老師一邊喃喃自語，一邊拿起拖把，將地板擦乾。

晚上，小裕正在洗澡。

「小裕，快點出來。」媽媽對小裕說。

「好。」

小裕一邊回答，一邊吐了吐舌頭。

因為小裕剛剛都在玩，所以身體和頭髮都還沒有洗呢！他正想趕快洗。

「咦？」小裕嚇了一跳，剛剛放在浴缸邊的毛巾，正滴滴答答的滴著水。

「毛巾有這麼溼嗎？我沒

有放進浴缸裡，應該是乾的啊……」

小裕走出浴室，問媽媽：

「毛巾會自己吸水嗎？」

「這個嘛，把毛巾放在裝了水的洗臉盆旁邊，好像真的會不知不覺的變溼呢！」媽媽說。

「就是這樣！我知道是誰打翻水了！」

小裕大叫著。

第二天，小裕一到學校就對老師說：

「昨天把地板弄溼的是抹布喔！」

「哦？怎麼說呢？」

直子老師的眼睛睜得圓圓的。

「抹布吸了前一天留在水桶裡的水，弄溼了地板。」

直子老師聽了點點頭。

「小裕，你竟然能發現到這一點。聽你這麼一說，我想起收拾水桶時，放在水桶邊上的抹布，真的是溼溼的呢！」老師說。

「一定是前一天忘了把水桶裡的水倒掉吧。不過，

小裕，你是怎麼發現的呢？」

「昨天我洗澡時，看到毛巾時發現的。我竟然被誤會，真是太倒楣了。」

小裕嘟著嘴，顯得不高興。

「對不起、對不起啦！小裕真了不起，老師好佩服你呀！」

老師不斷的誇讚小裕，讓他覺得有點難為情，於是趕緊對老師說：

「沒關係啦！」

解謎時間

抹布為什麼會自動吸水？

水具有沿著縫隙爬的特性。把吸管放在水裡，可以發現吸管裡，水的高度比杯中的

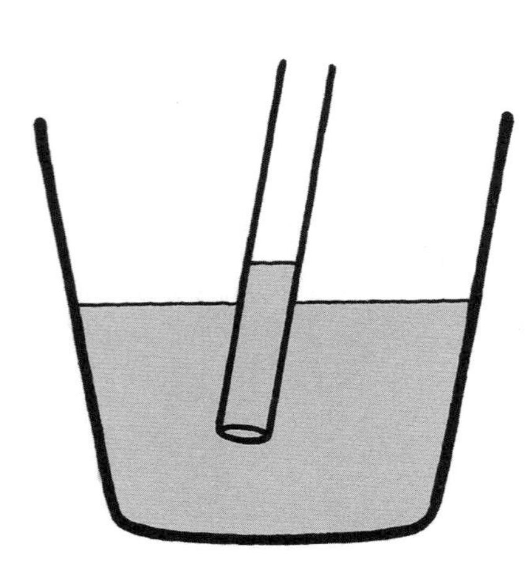

水面還要高。縫隙愈小，水就可以爬得愈高。

抹布或毛巾等，是由「纖維」這些細小的線構成的。纖維和纖維之間有許多狹窄的縫隙，所以水就會沿著縫隙爬了。

科學小實驗

移動杯子裡的水

準備工具：

杯子兩個

廚房紙巾

1

將水倒進其中一個杯子裡。

2

在兩個杯子之間，放一條剪成細長並沾溼的廚房紙巾。

3

放置一段時間後，水會慢慢移動到另一個杯子裡。

給大人的話

請讓廚房紙巾接觸到杯底，把水裝滿到接近杯子邊緣。使用較粗而且沾溼的廚房紙巾，可以較快看到實驗結果喔！

—給家長的話—

觀察生活現象，培養科學「發現力」

■日本千葉縣立千葉中學副校長
大山光晴

進入小學就讀的孩子，即將開始學習許多知識，為日後漫長學校生活打基礎。一年級的課表雖然還沒有自然課，但是發現身邊周遭的奇妙現象，是一種很重要的能力。

由於前人的努力，科學技術有了長足的進步，讓我們的生活變得十分方便。可是，還是有許多待解的謎題和問題，我們仍舊需要繼續從自然中學習許多知識才行。數學和國字的練習固然重要，但是今後的時代，更需要具備發現的能力，找出需要解決的關鍵問題。

《晨讀10分鐘：春天鬧鬼記　實驗故事集1》集結了十二篇小故事，希望孩子能化身為名偵探，解決生活中不可思議的現象。我們運用故事的形式，是希望能盡可能簡單明瞭的傳達，除了學校的學習，在孩子們日常生活中的「發現」和「思考」的態度也很重要。我們也刻意編寫成適合在短時間內閱讀的篇幅，希望可以提供大家在早晨或者睡前的短暫時間運用。如果孩子有興趣，故事後面還附加了解說和實驗，希望提供大家在闔家同樂之餘，能加深孩子的興趣。

孩子是社會的未來、地球的未來。如果希望孩子們將來能打造一個人人都能帶著笑容生活的社會，我們大人就應該更同心協力，盡可能的提供幫助，讓孩子擁有紮實的基礎。

監修者簡介

大山光晴（Ohyama Mitsuharu），東京工業大學碩士。歷任高中物理老師、千葉縣立現代產業科學館高級研究員、千葉縣綜合教育中心主任指導主事等，目前擔任千葉縣立千葉中學副校長。經常參與科學實驗教室及電視媒體的實驗節目。日本理科教育學會、日本科學教育學會會員、日本物理教育學會前副會長。主要監修作品有【晨讀10分鐘系列】：宇宙故事集、動物故事集、實驗故事集、科學故事集（以上由天下雜誌出版）等。

—企劃緣起—

成長與學習必備的元氣晨讀

■親子天下執行長
何琦瑜

源於日本的晨讀活動

二十年前，大塚笑子是個日本普通高職的體育老師。在她擔任導師時，看到一群在學習中遇到挫折、失去學習動機的高職生，每天在學校散漫度日，快畢業時，才發現自己沒有一技之長。出外求職填履歷表，「興趣」和「專長」欄只能一片空白。許多焦慮的高三畢業生回頭向老師求助，大塚笑子鼓勵他們，可以填寫「閱讀」和「運動」兩項興趣。因為有運動習慣的人，讓人覺得開朗、健康、有毅力；有閱讀習慣的人，就代表有終身學習的能力。

但學生們根本沒有什麼值得記憶的美好閱讀經驗，深怕面試的老闆細問：那你喜歡讀什麼書啊？大塚老師於是決定，在高職班上推動晨讀。概念和做法都很簡單：每天早上十分鐘，持續一週不間斷，讓學生讀自己喜歡的書。

沒想到不間斷的晨讀發揮了神奇的效果：散漫喧鬧的學生安靜了下來，他們上課比以前更容易專心，考試的成績也大幅提升了。這樣的晨讀運動透過大塚老師的熱情，一傳十、十傳百，最後全日本有兩萬五千所學校全面推行。正式統計發現，近十年來日本中小學生平均閱讀的課外書本數逐年增加，各方一致歸功於大塚老師和「晨讀十分鐘」運動。

台灣吹起晨讀風

二〇〇七年，天下雜誌出版了《晨讀十分鐘》一書，書中分享了韓國推動晨讀運動的高果效，以及七十八種晨讀推動策略。同一時間，天下雜誌國際閱讀論壇也邀請了大塚老師來台灣演講、分享經驗，獲得極大的迴響。

受到晨讀運動感染的我，一廂情願的想到兒子的小學帶晨讀。選擇素材的過程中，卻發現適合十分鐘閱讀的文本並不好找。面對年紀愈大的少年讀者，好文本的找尋愈加困難。對於剛開始進入晨讀，沒有長篇閱讀習慣的學生，的確需要一些短篇的散文或故事，讓少年讀者每一天閱讀都有盡興的成就感。而且這些短篇文字絕不能像教科書般無聊，也不能總是停留在淺薄的報紙新聞，才能讓這些新手讀者像上癮般養成習慣。

我的晨讀媽媽計畫並沒有成功，但這樣的經驗激發出【晨讀十分鐘】系列的企劃。我們希望用晨讀打破中學早晨窒悶的考試氛圍，讓小學生養成每日定時定量的閱讀，不僅是要讓學習力加分，更重要的是讓心靈茁壯、成長。在學校，晨讀就像在吃「學習的早餐」，為一天的學習熱身醒腦；在家裡，不一定是早晨，任何時段，每天不間斷、固定的家庭閱讀時間，也會為全家累積生命中最豐美的回憶。

第一個專為晨讀活動設計的系列

【晨讀十分鐘】系列，希望透過知名的作家、選編人，為少年兒童讀者編選類型多元、有益有趣的好文章。二〇一〇年，我們邀請了學養豐富的「作家老師」張曼娟、廖玉蕙、王文華，推出三個類型的選文主題：成長故事、幽默故事、人物故事集。

我們的想像是，如果學生每天早上都能閱讀某個人的生命故事，或真實或虛構，或成功或低潮，一年之後，他們能得到的養分與智慧，應該遠遠超過寫測驗卷的收穫吧！【晨讀十分鐘】系列，帶著這樣的心願，持續擴張適讀年段和題材的多元性，陸續出版，包括：給小學生晨讀的《科學故事集》、《宇宙故事集》、《動物故事集》、《實驗故事集》、童詩《樹先生跑哪去了》、散文《奇妙的飛行》，給中學生晨讀的《啟蒙人生故事集》和《論情說理說明文選》等。

推動晨讀的願景

在日本掀起晨讀奇蹟的大塚老師，在台灣演講時分享：「對我來說，不管學生在哪個人生階段……，我都希望他們可以透過閱讀，讓心靈得到成長，不管遇到什麼情況，都能勇往直前，這就是我的晨讀運動，我的最終理想。」

這也是【晨讀十分鐘】這個系列叢書出版的最終心願。

專家推薦

晨讀十分鐘，改變孩子的一生

國立中央大學認知神經科學研究所創所所長
洪蘭

古人從經驗中得知「一日之計在於晨」，今人從實驗中得到同樣的結論，人在睡眠的第四個階段會分泌跟學習有關的神經傳導物質，如血清素（serotonin）和正腎上腺素（norepinephrine），當我們一覺睡到自然醒時，這些重要的神經傳導物質已經補充足了，學習的效果就會比較好。也就是說，早晨起來讀書是最有效的。

那麼為什麼只推「十分鐘」呢？因為閱讀是個習慣，不是本能，一個正常的孩子放在正常的環境裡，沒人教他說話，他會說話；一個正常的孩子放在正常的環境，沒人教他識字，他是文盲。對一個還沒有閱讀習慣的人來說，不能一次讀很多，會產生反效果。十分鐘很短，對小學生來說，是一個可以忍受的長度。所以趁孩子剛起床精神好時，讓他讀些有益身心的好書，開啟一天的學習。好的開始是成功的一半，從愉悅的晨間閱讀開始一天的學習之旅，到了晚上在床上親子閱讀，終止這個歷程，如此持之以恆，一定能引領孩子進入閱讀之門。

新加坡前總理李光耀先生看到閱讀的重要性，所以新加坡推〇歲閱讀，孩子一生下來，政府就送兩本布做的書，從小養成他愛讀的習慣。凡是習慣都必須被「養成」，需要持久的重複，晨讀雖然才短短十分鐘，卻可以透過重複做，養成孩子閱讀的習慣。這個習慣一旦養成後，一生受用不盡，因為閱讀是個工具，打開人類知識的門，當孩子從書中尋得他的典範之後，父母就不必擔心了，典範讓人自動去模仿，就像拿到世界麵包冠軍的吳寶春說：「我以世界冠軍為目標，所以現在做事就以世界冠軍為標準。冠軍現在應該在看書，不是看電視；冠軍現在應該在練習，不是睡覺……」當孩子這樣立志時，他的人生已經走上了康莊大道，會成為一個有用的人。

晨讀十分鐘可以改變孩子的一生，讓我們一起來努力推廣。

晨讀10分鐘系列 019

[小學生・低年級]

晨讀10分鐘

春天鬧鬼記

實驗故事集 1

監修｜大山光晴、岡島秀治、武田正倫、米田芳秋
作者｜戶田和代
繪者｜岡本美子（封面、故事）、足立昌彥（解說、實驗）
中文內容審訂｜廖進德
譯者｜詹慕如

責任編輯｜張至寧
特約編輯｜張月鶯
美術設計｜林紹萍

天下雜誌群創辦人｜殷允芃
董事長兼執行長｜何琦瑜
媒體暨產品事業群
總經理｜游玉雪
副總經理｜林彥傑
總編輯｜林欣靜
行銷總監｜林育菁
副總監｜李幼婷
版權主任｜何晨瑋、黃微真

出版者｜親子天下股份有限公司
地址｜台北市104建國北路一段96號4樓
電話｜（02）2509-2800　傳真｜（02）2509-2462
網址｜www.parenting.com.tw
讀者服務專線｜（02）2662-0332　週一～週五：09:00~17:30
讀者服務傳真｜（02）2662-6048　客服信箱｜parenting@cw.com.tw

法律顧問｜台英國際商務法律事務所・羅明通律師
製版印刷｜中原造像股份有限公司
總經銷｜大和圖書有限公司　電話：（02）8990-2588

出版日期｜2012年8月第一版第一次印行
2024年6月第一版第十二次印行
定　　價｜260元
書　　號｜BCKCI019P
ISBN｜978-986-241-569-6（平裝）

訂購服務
親子天下Shopping｜shopping.parenting.com.tw
海外・大量訂購｜parenting@cw.com.tw
書香花園｜台北市建國北路二段6巷11號　電話（02）2506-1635
劃撥帳號｜50331356 親子天下股份有限公司

國家圖書館出版品預行編目資料

小學生・低年級晨讀10分鐘：春天鬧鬼記 實驗故事集1.／戶田和代作；岡本美子，足立昌彥繪；詹慕如翻譯. -- 第一版. -- 臺北市：天下雜誌，2012.08
184面；14.8 × 21公分. --（晨讀10分鐘系列；19）
ISBN 978-986-241-569-6（平裝）

1. 科學　2. 通俗作品

307.9　　101014251